世界上最臭的动物

20种臭臭的动物完全图解！

STEVE JENKINS

［美］史蒂夫·詹金斯／著绘

易映景／译

河南美术出版社
· 郑州 ·

小读客
童书

图书在版编目（CIP）数据

世界上最臭的动物 /（美）史蒂夫·詹金斯著绘；

易映景译. — 郑州：河南美术出版社，2022.2

ISBN 978-7-5401-5600-8

Ⅰ.①世… Ⅱ.①史… ②易… Ⅲ.①动物－儿童读

物 Ⅳ.①Q95-49

中国版本图书馆CIP数据核字(2021)第189447号

世界上最臭的动物

［美］史蒂夫·詹金斯 / 著绘

易映景 / 译

出 版 人　李　勇

策　　划　读客文化

责任编辑　孟繁益　　杜笑谈

特邀编辑　尹　琳　　蔡若兰

责任校对　杨　骁

装帧设计　徐　瑾

执行设计　贾旻雯

出版发行　河南美术出版社

地　　址　郑州市郑东新区祥盛街 27 号

印　　刷　天津联城印刷有限公司

开　　本　889mm×1194mm　1/32

印　　张　1.5

字　　数　30 千字

版　　次　2022 年 2 月第 1 版

印　　次　2022 年 2 月第 1 次印刷

书　　号　ISBN 978-7-5401-5600-8

定　　价　39.90 元

如有印刷、装订质量问题，请致电 010-87681002（免费更换，邮寄到付）

目 录

蜜獾、步甲和狐猴有什么共同点？
它们都超级臭！

大自然中还有哪些臭烘烘的动物？
它们为什么要把自己弄得臭气熏天？

来一起认识这些又臭又迷人的动物吧！

呀！好臭

　　一些动物会产生强烈的气味以标记其领地。它们在树枝或岩石上释放带臭味的液体，告诉其他生物："这块地是我的。"动物还会使用强烈的气味来保护自己，有的动物闻起来就很恶心，让掠食动物掉头离开。还有少数动物很难闻，是因为它们吃的东西或是皮毛里有其他生物。不过大家知道什么动物是最臭的吗？

一些动物用强烈的
气味来保护自己。

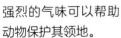

强烈的气味可以帮助
动物保护其领地。

比臭鼬更臭

　　小食蚁兽生活在南美洲的雨林中。它可是个攀爬能手，大部分时间都待在树上。要是遇到了危险，它会从尾巴根附近的腺体释放出难闻的气味。据说，它的气味比臭鼬的臭屁难闻多了。

137 厘米

小食蚁兽没有牙齿，它用长而黏的舌头捕食昆虫。

住在哪儿
南美洲

吃什么
蚂蚁、白蚁等

小食蚁兽还用强壮的前肢和锋利的爪子来保护自己。

臭气弹

凶猛的蜜獾胆子可大了，甚至会主动攻击狮子或水牛。要是它察觉到危险，就会用臭气弹来保护自己。蜜獾尾巴附近的腺体会喷出非常难闻的液体，大多数掠食动物闻到后都会掉头离开。

住在哪儿
非洲中部和南部、西亚、南亚

吃什么
水果、种子、树叶、蜂蜜、昆虫、青蛙、蜥蜴、其他小型动物

蜜獾皮肤又厚又结实，这样它夺取蜂蜜的时候就不害怕蜜蜂会蜇伤它了。

91 厘米

有鳞片的臭家伙

树穿山甲用尾巴将自己悬挂起来，用长而黏的舌头吃昆虫。穿山甲是唯一有鳞片的哺乳动物。作为其中的一员，树穿山甲的鳞片可以保护它们免受掠食动物的侵害，还能帮助它们摆脱蚂蚁和白蚁的叮咬。树穿山甲还会用很臭的液体保护自己并标记领地。

树穿山甲遇到危险时会卷曲身体变成装甲球。这样可以保护它们柔软的腹部。

住在哪儿
非洲中部

吃什么
蚂蚁、白蚁等

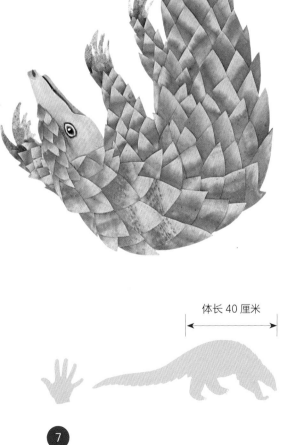

体长40厘米

缠绕的臭丝线

刺尾壁虎生活在灌木和树木的枝条上。它遇到危险时会从尾部喷出难闻的液体。这种液体会变成长而黏的线，就像有臭味的蜘蛛网一样缠住攻击者，给刺尾壁虎争取逃生时间。

14 厘米

有些人把刺尾壁虎当宠物养。

住在哪儿
澳大利亚中部和北部

吃什么
蚂蚁、蟋蟀、其他昆虫

哕！

　　蓝胸佛法僧的幼鸟用一种不寻常的方式来保护自己。独自留在巢中的幼鸟可能会遭到蛇、黄鼬或其他掠食动物的袭击，这时幼鸟会吐自己一身，呕吐物刺鼻又难闻。这样一来攻击者就会觉得幼鸟不好吃。

蓝胸佛法僧幼鸟的呕吐物臭到令其他掠食动物难以下咽，其中还含有蚱蜢的毒素，是幼鸟的父母喂食的。

幼鸟呕吐物的气味也能给自己的父母提个醒，让它们知道幼鸟有危险。

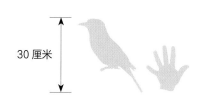

30 厘米

住在哪儿
欧洲、西亚、非洲南部等地

吃什么
昆虫等

以退为进

条纹臭鼬是有名的带臭味的动物。当它感受到危险时，会将难闻的液体喷洒到其他动物或人类的脸上。条纹臭鼬的"臭气弹"不仅难闻，还会让攻击者的眼睛和嘴巴感到灼痛。

住在哪儿
北美洲

吃什么
小型哺乳动物、青蛙、昆虫、植物、腐肉等

条纹臭鼬可以从2米以外的地方用"臭气弹"击中动物的面部。

61 厘米

甲虫防御

沙漠臭虫是一种甲虫。它和臭
鼬的防御方式类似：低下头，抬高
尾部，喷射出很臭的深色液体。难
闻的气味能赶走大多数掠食动物。

住在哪儿
北美洲西部

吃什么
植物、水果、谷物等

沙漠臭虫也被称为
"小丑甲虫"或"倒
立甲虫"。

2.5厘米

发射炸弹！

步甲从其腹部喷射出炽热又难闻的液体来保护自己。要是蜘蛛或其他动物威胁到它的安全，它会瞄准这些动物并发射液体。步甲喷出的液体不仅可以杀死一只昆虫，还能灼伤一只大型动物或是让它看不见东西。

步甲腹部发射炽热液体时会发出"砰"的一声。

1.25 厘米

住在哪儿
除南极大陆外的所有大陆

吃什么
其他昆虫

两股液体在这种甲虫的腹部发生化学反应，之后喷射出来，形成"喷雾炸弹"。

身姿婀娜，身体奇臭

　　王锦蛇也被称为"臭王蛇"。它受到惊吓时会从靠近尾部的部位释放出强烈的气味。人类闻到这种气味就会觉得恶心。想吃蛇的动物也不喜欢这种气味。

住在哪儿
东亚、东南亚

吃什么
老鼠等啮齿动物、蛋、蜥蜴、其他蛇等

虽然王锦蛇闻起来很臭，很多人还是会把它当作宠物养。

王锦蛇像蟒蛇一样，能将猎物勒死。

2.75 米

别碰我

　　如果雌性绿林戴胜或其巢被攻击，它就会背对着攻击者，从尾部的尾脂腺喷出黏稠的臭油液。这种油液闻起来像臭鸡蛋，足以赶走大多数掠食动物。

绿林戴胜幼鸟要是受到外界的刺激，会在鸟巢中喷满臭臭的大便。

住在哪儿
非洲中部和南部

吃什么
昆虫、蜥蜴、水果、种子等

38厘米

有臭味的打架

　　雄性环尾狐猴的腕部和肩部都有气味腺。这些腺体能产生一种带臭味的液体，会在两只环尾狐猴打架的时候派上用场。狐猴将液体摩擦到尾巴上后，尾巴会散发出恶臭。然后它们互相甩尾巴，直到其中一只后退。

环尾狐猴也用自己的气味表明："走远点儿，这是我的领地。"

住在哪儿
马达加斯加

吃什么
树叶、水果、花朵、昆虫、蜥蜴、鸟等

46 厘米

烟幕

海兔是一种生活在海洋中的软体动物。它生活在海底，通过释放有毒的、难闻的液体来保护自己。它身上还覆盖着恶心的黏液。

海兔吃什么颜色的海藻，自己就会变成什么颜色。

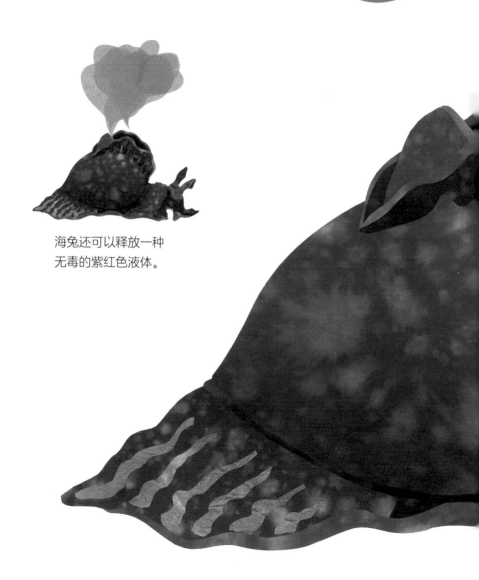

海兔还可以释放一种无毒的紫红色液体。

18 厘米

住在哪儿
全球温暖海域

吃什么
藻类（尤其是海藻）

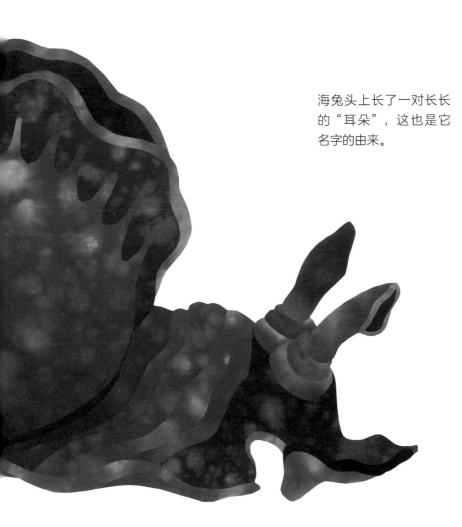

海兔头上长了一对长长的"耳朵"，这也是它名字的由来。

带臭味的表演

北美负鼠是一个才华横溢的演员。如果受到攻击，负鼠就会装死。它往后一翻，舌头一伸，并从肛门里释放出恶臭的液体。许多掠食动物不吃死掉的动物，所以负鼠往往能够捡回一条命。

北美负鼠装死的话，就算被拎起来甩动，也还是一动不动。

住在哪儿
北美洲

吃什么
水果、种子、蠕虫、昆虫、蛇、小动物、腐肉等

北美负鼠释放出来的液体散发着臭味，就像腐烂动物的气味一样。

61 厘米

你的花园长得怎么样

三趾树懒生活在雨林的树上。它的皮毛通常很潮湿，皮毛内不仅长着苔藓和其他植物，还生活着数以百计的飞蛾和甲虫，气味实在难闻。不过这种气味并不能保护树懒免受鹰、蛇和美洲豹的猎杀。

住在哪儿
中美洲和南美洲

吃什么
叶子、果实等

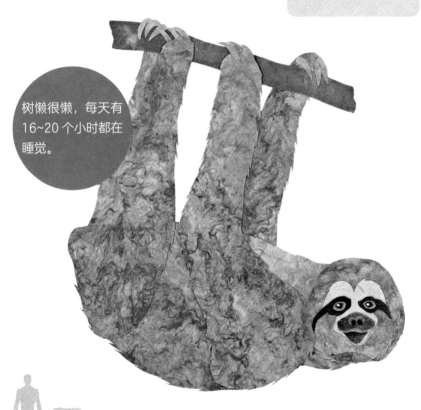

树懒很懒，每天有16~20个小时都在睡觉。

58 厘米

在树懒的皮毛上生长的藻类和苔藓使其看起来是绿色的。这种颜色有助于树懒隐藏在树上。

鸟屁

麝雉也被称为"臭鸟"。它要花很长时间才能消化吃掉的叶子，所以体内会排出很多臭气——鸟屁。很少有掠食动物想吃一只这么臭的鸟。

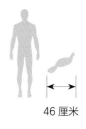

46 厘米

麝雉几乎所有的清醒时间都在咀嚼叶子和植物。

住在哪儿
南美洲

吃什么
叶子、果实、花朵等

臭味护体

与大多数昆虫不同，耳夹子虫是负责任的家长。耳夹子虫妈妈在幼虫孵化前后都会保护着自己的孩子。耳夹子虫能从身体后部的小孔喷出腐臭难闻的液体，从而保护自己和后代。

有个说法是耳夹子虫喜欢爬进人们的耳朵里头，但其实并没有这回事儿。

1.25 厘米

住在哪儿
温带和热带地区

吃什么
昆虫、植物、藻类、腐烂的植被等

危险

　　雄性非洲象每年会经历几个星期的发情狂暴期，这时它会变得愤怒且暴力，要是在它旁边会很危险。当大象处在发情狂暴期时，刺鼻的液体会从其面部的腺体里渗出。

大象发情狂暴期产生的气味能警告其他大象远离。

4米

住在哪儿
非洲中部和南部

吃什么
草、树叶、植物的根等

驱虫剂

许多马陆对付蚂蚁和其他天敌都有妙招。它们从身体的小孔喷出有剧毒的恶臭雾气。有一类这样的马陆就生活在南美洲的丛林中。卷尾猴将这种马陆在自己的毛皮上摩擦，用来驱赶蚊虫。

住在哪儿
全球各大洲都有分布

吃什么
腐烂的植物

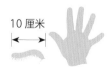

10 厘米

卷尾猴会先将马陆塞入口中嚼碎，然后在皮毛上摩擦，这样能够释放出虫子的毒素。光是想想就觉得难吃！

酸性喷雾

鞭蝎没有毒刺，但是它的防御能力不容小觑：它可以通过尾巴附近的腺体喷洒醋酸。醋酸气味难闻，味道糟糕，掠食动物要是靠得太近，眼睛和嘴巴还会感到刺痛。

住在哪儿
美国南部、墨西哥

吃什么
昆虫、蜘蛛、马陆、小青蛙等

鞭蝎有一对有力的钳子，能将猎物夹碎。

5厘米

最臭的动物

　　非洲艾鼬可能是世界上最臭的动物。它用大便和有浓烈气味的尿液标记领地。遇到危险时，它还可以喷射"毒液"，使攻击者短暂失明，让自己有时间逃脱。

大多数动物都离非洲艾鼬远远的，因为它们知道脸上满是臭味有多难受。

61 厘米

非洲艾鼬看起来像臭鼬，但与黄鼠狼的亲缘关系更近。

住在哪儿
非洲中部和南部

吃什么
鸟、蛇、青蛙、啮齿动物、昆虫等

为什么有的动物这么臭？

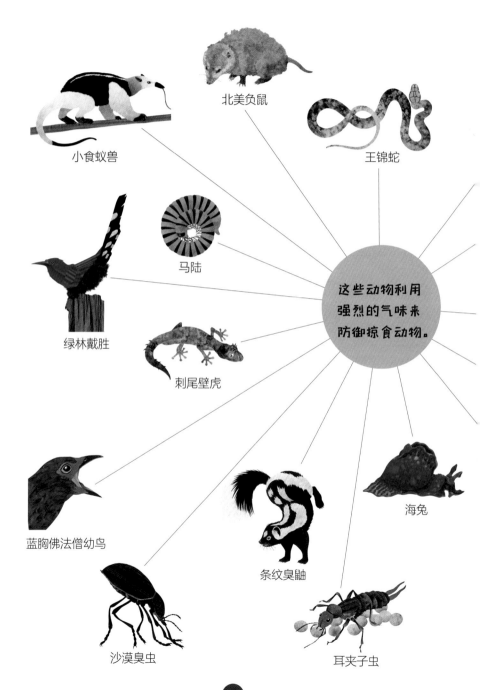

北美负鼠

小食蚁兽

王锦蛇

马陆

绿林戴胜

刺尾壁虎

这些动物利用强烈的气味来防御掠食动物。

蓝胸佛法僧幼鸟

条纹臭鼬

海兔

沙漠臭虫

耳夹子虫

非洲艾鼬

环尾狐猴

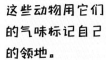

这些动物用它们
的气味标记自己
的领地。

树穿山甲

蜜獾

非洲象

步甲

这些动物因为
吃的东西或者
居住的地方才
变得难闻。

麝雉

鞭蝎

三趾树懒

词汇表

领地
动物占领并保护的区域。

掠食动物
杀死并食用其他动物的动物。

腺体
产生液体的器官，为动物提供某些功能。

腹部
肚子，昆虫或蜘蛛的后半部分。

装甲
包裹着金属片或鳞片，用来保护自己。

猎物
被掠食动物捕获并吃掉的动物。

藻类
简单的植物，大小不一，既有微小的单细胞生物也有巨型海藻。

发情狂暴期
成熟的雄象每年变得好斗和危险的时期。

卷尾猴
生活在美洲中部和南部森林的小猴。

醋酸
气味浓烈的酸性液体。